Sitzungsberichte
der Heidelberger Akademie der Wissenschaften
Mathematisch-naturwissenschaftliche Klasse
Jahrgang 1929. 15. Abhandlung.

Beziehungen zwischen den Grundbegriffen der Topologie

Von

Reinhold Baer
in Halle a. S.

Vorgelegt von Alfred Loewy in Freiburg i. Br.

Eingegangen am 25. September 1929

Berlin und Leipzig 1929

Walter de Gruyter & Co.

vormals G. J. Göschen'sche Verlagshandlung / J. Guttentag, Verlagsbuchhandlung / Georg Reimer / Karl J. Trübner / Veit & Comp.

Beziehungen zwischen den Grundbegriffen der Topologie.

Einleitung.

Seit F. HAUSDORFF[1]) die Topologie auf den Umgebungsbegriff gründete, ist dieser Weg der übliche geworden und hat sich auch als zweckmäßig bewährt. Trotzdem ist er kein der zu begründenden Disziplin adaequater Begriff, da bei topologischen Abbildungen Umgebungen im allgemeinen nicht wieder in Umgebungen übergehen. Als topologisch invarianter Begriff bietet sich nun hier der der offenen Menge dar, weshalb ihn auch TIETZE[2]) zur Begründung der Topologie benutzte. Dieser Begriff ist aber nur ein Relativbegriff; eine in einem Raume offene Menge braucht in einem umfassenderen Raume nicht mehr offen zu sein. Den gleichen Mangel hat der Begriff der abgeschlossenen Menge, da jede abgeschlossene Menge Komplement einer offenen ist und umgekehrt. Entsprechendes gilt vom Begriff der abgeschlossenen Hülle und dem der Ableitung einer Menge.

Die beiden angezeigten Mängel haften nicht dem Begriff des Häufungspunktes [kurz Hp] an, oder genauer: *der Relation des „Hp einer bestimmten Menge sein“*. Die topologischen Abbildungen sind Isomorphismen gegenüber dieser Relation; ist $\mathfrak{p}$ Hp von $\mathfrak{M}$ im Raume $\mathfrak{R}$, so gilt dasselbe für jeden $\mathfrak{R}$ umfassenden Raum, sogar für jeden in $\mathfrak{R}$ enthaltenen Raum, wenn er nur $\mathfrak{p}$ und $\mathfrak{M}$ enthält.

Auf den Begriff des Hp die Topologie zu gründen, hat M. FRÉCHET unternommen, indem er den Begriff des L-Raumes [= Raum, in dem ein Limesbegriff erklärt ist] aufstellte.[3]) Doch besteht bekanntlich zwischen Fréchets und Hausdorffs Räumen kein Zusammenhang; nicht jeder topologische Raum ist ein L-Raum, nicht jeder L-Raum ein topologischer.[4]) Überhaupt scheint der Begriff des Limes zur Begründung der Topologie deshalb ungeeignet zu sein, weil bei ihm offenbar „un-

[1]) F. HAUSDORFF: Mengenlehre, 1. Aufl., Leipzig 1914, S. 213.

[2]) H. TIETZE: Math. Ann., Bd. 88 (1923), S. 290—312.

[3]) M. FRÉCHET: Rendiconti del circolo matemat. di Palermo, t. 22 (1906).

[4]) Vgl. z. B.: F. HAUSDORFF: Mengenlehre, 2. Aufl., Berlin 1927, S. 230.

stetige" Räume den Eindruck der Stetigkeit erwecken können: Jeder Punkt ist ja Limes von sich selbst.[1])

Bedenken wir schließlich, daß es Aufgabe der Topologie ist, die Eigenschaften der Räume zu studieren, welche allein am Begriff der Stetigkeit hängen, so erscheint es sachgemäß, diesen Begriff zur Begründung der Topologie zu benutzen. Präziser heißt das folgendes: Wir haben anzugeben, welche Abbildungen irgendwelcher Teilmengen des Raumes in irgendwelchen Punkten stetig sind und welche nicht.

Wir werden im folgenden sowohl eine Axiomatik der Hp-Relation als auch eine der Stetigkeit geben, die denselben Begriff des topologischen Raumes wie die Hausdorffschen Umgebungsaxiome liefern. Damit werden wir eine Untersuchung des Verhältnisses der verschiedenen topologischen Grundbegriffe zueinander verbinden und insbesondere die Unabhängigkeit der benutzten Axiomensysteme erweisen.

Schließlich geben wir noch ein allgemeines Verfahren an, das jede Gruppe topologischer Abbildungen in eindeutig durch den Raum bestimmter Weise zu einem topologischen Gruppenraum[2]) macht.

In einem Anhang zeigen wir, daß der Weg, die Topologie von der Abbildungsgruppe des Raumes her zu begründen, ungangbar ist.

Bezeichnungen:

$A < B$ = die Menge A ist echte Teilmenge der Menge B.
$a \varepsilon A$ = a ist Element der Menge A.
$A \frown B$ = Durchschnitt der Mengen A und B.
$A \vee B$ = Vereinigungsmenge der Mengen A und B.
$A - B$ = Komplement der Teilmenge B von A in A.
Hp = Häufungspunkt.

§ 1. Das System der Grundbegriffe.

Die Grundbegriffe:

1. Die Menge $\mathfrak{U} \leqq \mathfrak{R}$ ist „Umgebung" des Punktes $\mathfrak{p} \varepsilon \mathfrak{U}$.
2. Die Menge $\mathfrak{O} \leqq \mathfrak{R}$ ist „offen".
3. Die Menge $\mathfrak{A} \leqq \mathfrak{R}$ ist „abgeschlossen".

---

[1]) Zusatz bei der Korrektur: Ansätze zu einer Axiomatik der Hp-Relation finden sich bei F. RIESS: Atti del IV congresso dei matematici, Roma 1908, Bd. 2, S. 18—24, und L. VIETORIS: Monatshefte für Math. u. Phys., Bd. 31 (1921), S. 176.

Jedoch fehlen bei RIESS die von uns mit (Hp 3) und (Hp 5) bezeichneten Sätze, bei VIETORIS (Hp 3). Dieser übersieht auch, daß zum Nachweis der Gleichwertigkeit mit den HAUSDORFFschen Axiomen der Nachweis des von uns mit (1; 4) [bezw. (2; 4)] bezeichneten Satzes nötig ist; vgl. S. 8, bes. Anm. [2]). [Gebraucht wird übrigens (Hp 3) zum Beweis des Trennbarkeitsaxioms.]

[2]) Vgl. R. BAER: Journ. f. d. r. u. angew. Math., Bd. 160, S. 208—226.

4. Der Punkt $\mathfrak{p} \varepsilon \mathfrak{R}$ ist Hp von $\mathfrak{M} \leqq \mathfrak{R}$.
5. Die eineindeutige[1]) Abbildung a von $\mathfrak{M} \leqq \mathfrak{R}$ ist in $\mathfrak{p} \varepsilon \mathfrak{M}$ „stetig“.

Die verbindenden Sätze:

(1; 2).[2]) Eine Menge $\mathfrak{M} \leqq \mathfrak{R}$ ist dann und nur dann offen, wenn sie mit jedem Punkte eine ganze Umgebung dieses Punktes als Teilmenge enthält.

(1; 4). $\mathfrak{p}$ ist dann und nur dann Hp von $\mathfrak{M}$, wenn in jeder Umgebung von $\mathfrak{p}$ unendlich viele Punkte aus $\mathfrak{M}$ vorkommen, oder, was dasselbe besagt, ein von $\mathfrak{p}$ verschiedener Punkt aus $\mathfrak{M}$ auftritt.

(2; 3). Die Menge $\mathfrak{M} \leqq \mathfrak{R}$ ist dann und nur dann abgeschlossen, wenn ihr Komplement $\mathfrak{R} - \mathfrak{M}$ in $\mathfrak{R}$ offen ist.

(2; 4). $\mathfrak{p}$ ist dann und nur dann Hp von $\mathfrak{M}$, wenn in jeder $\mathfrak{p}$ enthaltenden, offenen Menge unendlich viele, oder, was dasselbe besagt, ein von $\mathfrak{p}$ verschiedener Punkt aus $\mathfrak{M}$ auftritt.

(3; 2). Die Menge $\mathfrak{M} \leqq \mathfrak{R}$ ist dann und nur dann offen, wenn ihr Komplement $\mathfrak{R} - \mathfrak{M}$ in $\mathfrak{R}$ abgeschlossen ist.

(4; 3). Die Menge $\mathfrak{M} \leqq \mathfrak{R}$ ist dann und nur dann abgeschlossen, wenn sie jeden ihrer Hp enthält.

(4; 5). Die eineindeutige Abbildung a der Menge $\mathfrak{M} \leqq \mathfrak{R}$ ist dann und nur dann im Punkte $\mathfrak{p} \varepsilon \mathfrak{M}$ stetig, wenn für jede Teilmenge $\mathfrak{T} \leqq \mathfrak{M}$ gilt: wenn $\mathfrak{p}$ Hp von $\mathfrak{T}$ ist, so ist $a(\mathfrak{p})$ Hp der Bildmenge $a(\mathfrak{T})$.

Die Wege zum Aufbau des Begriffssystems:

1. Ist der Umgebungsbegriff Grundbegriff, so definiert man durch (1; 2) den der offenen Menge, durch (1; 4) den des Hp, durch (4; 3) den der abgeschlossenen Menge, durch (4; 5) den der stetigen Abbildung, während (2; 3), (2; 4), (3; 2) beweisbare Sätze sind.
2. Ist der Begriff der offenen Menge Grundbegriff, so sind (2; 4), (4; 3), (4; 5) Definitionen, (2; 3), (3; 2) beweisbare Sätze.[3])
3. Ist der Begriff der abgeschlossenen Menge Grundbegriff, so sind (3; 2), (2; 4), (4; 5) Definitionen, (2; 3), (4; 3) beweisbare Sätze.[3])

---

[1]) In § 3 wird es sich erweisen, daß es genügt, die eineindeutigen Abbildungen zu studieren. Wir werden daher im folgenden unter Abbildung stets eine eineindeutige Abbildung einer Teilmenge des Raumes auf eine [andere oder dieselbe] Teilmenge desselben Raumes verstehen.

[2]) Vermöge der Beziehung (m; n) geht der mit n numerierte Begriff aus dem mit m numerierten hervor.

[3]) Der Begriff der Umgebung läßt sich nicht wieder gewinnen, da es viele gleichberechtigte Umgebungssysteme [Umgebungsbegriffe] gibt, die vermöge (1; 2) denselben Begriff der offenen Menge liefern und damit den gleichen topologischen Raum definieren.

4. Ist die Relation des Hp Grundbegriff, so sind (4;3), (3;2), (4;5) Definitionen, (2;3), (2;4) beweisbare Sätze.[1])

5. Ist der Begriff der stetigen Abbildung Grundbegriff, so fehlt uns noch ein Satz (5;4), der die Definition des Hp leistet; diesen werden wir im § 3 herleiten. Weiter sind dann (4;3), (3;2) Definitionen, während (2;3), (2;4), (4;5) beweisbare Sätze sind.[1])

§ 2. Die Axiomatik der Hp-Relation.

Wir leiten jetzt aus den HAUSDORFFschen Umgebungsaxiomen[2]) eine Reihe von Sätzen über die Hp-Relation her [Weg 1 des § 1!], aus denen wir nachher auf dem im § 1 skizzierten Wege 4 die TIETZEschen[3]) Sätze über offene Mengen gewinnen werden, die auf dem Wege 2 des § 1 den gleichen Begriff des topologischen Raumes aufzubauen gestatten, wie die HAUSDORFFschen Umgebungsaxiome vermöge Weg 1 des § 1. Damit ist dann gezeigt, daß unsere Sätze über die Hp-Relation ein dem HAUSDORFFschen gleichwertiges Axiomensystem für topologische Räume bilden.

(Hp 1). *Ist* $\mathfrak{M} \leqq \mathfrak{N} \leqq \mathfrak{R}$ *und* $\mathfrak{p}$ *Hp von* $\mathfrak{M}$, *so ist* $\mathfrak{p}$ *auch Hp von* $\mathfrak{N}$.

Denn ist $\mathfrak{U}$ irgendeine Umgebung von $\mathfrak{p}$, so ist wegen $\mathfrak{M} \frown \mathfrak{U} \leqq \mathfrak{N} \frown \mathfrak{U}$ mit $\mathfrak{M} \frown \mathfrak{U}$ auch $\mathfrak{N} \frown \mathfrak{U}$ unendlich.

(Hp 2). *Ist* $\mathfrak{M} = \{\mathfrak{q}\}$, *so kann* $\mathfrak{p}$ *nicht Hp von* $\mathfrak{M}$ *sein.*

Denn für jede Umgebung $\mathfrak{U}$ von $\mathfrak{p}$ ist $\mathfrak{M} \frown \mathfrak{U}$ stets endlich.

(Hp 3). *Ist* $\mathfrak{p}_i \varepsilon \mathfrak{R}$ $(i = 1, 2)$, $\mathfrak{p}_1 \neq \mathfrak{p}_2$, $0 < \mathfrak{M} \leqq \mathfrak{R}$, *so gibt es eine Zerlegung* $\mathfrak{M} = \mathfrak{M}_1 \vee \mathfrak{M}_2$, *so daß* $\mathfrak{p}_i$ *nicht Hp von* $\mathfrak{M}_i$ *ist.*

Denn es gibt eine Umgebung $\mathfrak{U}_1$ von $\mathfrak{p}_1$, $\mathfrak{U}_2$ von $\mathfrak{p}_2$, so daß $\mathfrak{U}_1 \frown \mathfrak{U}_2 = 0$ ist.[4])

Sei $\mathfrak{B}_1 = \mathfrak{R} - \mathfrak{U}_1$ und $\mathfrak{M}_1 = \mathfrak{M} \frown \mathfrak{B}_1$, $\mathfrak{M}_2 = \mathfrak{M} - \mathfrak{M}_1$. Dann ist:

$$\mathfrak{M}_1 = \mathfrak{M} \frown (\mathfrak{R} - \mathfrak{U}_1) = \mathfrak{M} - (\mathfrak{M} \frown \mathfrak{U}_1)$$
$$\mathfrak{M}_2 = \mathfrak{M} - \mathfrak{M}_1 = \mathfrak{M} - [\mathfrak{M} - (\mathfrak{M} \frown \mathfrak{U}_1)] = \mathfrak{M} \frown \mathfrak{U}_1.$$

$\mathfrak{p}_1$ ist nicht Hp von $\mathfrak{M}_1$, denn es ist:

$$\mathfrak{M}_1 \frown \mathfrak{U}_1 = [\mathfrak{M} - (\mathfrak{M} \frown \mathfrak{U}_1)] \frown \mathfrak{U}_1 = 0.$$

$\mathfrak{p}_2$ ist nicht Hp von $\mathfrak{M}_2$, denn es ist:

$$\mathfrak{M}_2 \frown \mathfrak{U}_2 = (\mathfrak{M} \frown \mathfrak{U}_1) \frown \mathfrak{U}_2 = \mathfrak{M} \frown (\mathfrak{U}_1 \frown \mathfrak{U}_2) = \mathfrak{M} \frown 0 = 0.$$

Schließlich ist nach Definition: $\mathfrak{M} = \mathfrak{M}_1 \vee \mathfrak{M}_2$.

(Hp 4). *Ist* $\mathfrak{p}$ *Hp von* $\mathfrak{M} = \mathfrak{M}_1 \vee \mathfrak{M}_2$, *so ist* $\mathfrak{p}$ *Hp von wenigstens einer der Mengen* $\mathfrak{M}_1$ *und* $\mathfrak{M}_2$.

---

[1]) Vgl. S. 5, Anm. [3]).

[2]) Vgl. F. HAUSDORFF: Mengenlehre, 1. Aufl., Leipzig 1914, S. 213.

[3]) Vgl. S. 3, Anm. [2]). [4]) Wegen Umgebungsaxiom (D).

Entweder $\mathfrak{p}$ ist Hp von $\mathfrak{M}_1$ [dann ist nichts mehr zu beweisen], oder das ist nicht der Fall; dann haben wir zu zeigen, daß $\mathfrak{p}$ Hp von $\mathfrak{M}_2$ ist.

Sei $\mathfrak{U}$ eine beliebige Umgebung von $\mathfrak{p}$. — Da $\mathfrak{p}$ nicht Hp von $\mathfrak{M}_1$ ist, so gibt es eine Umgebung $\mathfrak{U}_0$ von $\mathfrak{p}$, die, abgesehen von $\mathfrak{p}$ keinen Punkt mit $\mathfrak{M}_1$ gemein hat: $\mathfrak{M}_1 \frown \mathfrak{U}_0 = \begin{cases} 0 \\ \{\mathfrak{p}\} \end{cases}$.

Weiter gibt es eine Umgebung $\mathfrak{B}$ von $\mathfrak{p}$, die $\mathfrak{B} \leqq \mathfrak{U} \frown \mathfrak{U}_0$ erfüllt.[1])

Da $\mathfrak{p}$ Hp von $\mathfrak{M}$ ist, so ist $\mathfrak{B} \frown \mathfrak{M}$ unendlich. Da $\mathfrak{B} \frown \mathfrak{M} = (\mathfrak{B} \frown \mathfrak{M}_1) \vee (\mathfrak{B} \frown \mathfrak{M}_2)$ und $\mathfrak{B} \frown \mathfrak{M}_1$ wegen $\mathfrak{B} \frown \mathfrak{M}_1 \leqq \mathfrak{U} \frown \mathfrak{M}_1$ höchstens einpunktig ist, so muß $\mathfrak{B} \frown \mathfrak{M}_2$ unendlich sein und wegen $\mathfrak{B} \frown \mathfrak{M}_2 \leqq \mathfrak{U} \frown \mathfrak{M}_2$ muß also auch $\mathfrak{U} \frown \mathfrak{M}_2$ unendlich sein, d. h. $\mathfrak{p}$ ist Hp von $\mathfrak{M}_2$.

(Hp 5). *Ist jeder Punkt von $\mathfrak{N}$ Hp von $\mathfrak{M}$ und $\mathfrak{p}$ Hp von $\mathfrak{N}$, so* ist $\mathfrak{p}$ *Hp von $\mathfrak{M}$.*

Sei $\mathfrak{U}$ eine beliebige Umgebung von $\mathfrak{p}$. Da $\mathfrak{p}$ Hp von $\mathfrak{N}$ ist, so gibt es in $\mathfrak{U}$ wenigstens ein $\mathfrak{q} \neq \mathfrak{p}$ aus $\mathfrak{N}$. Wegen $\mathfrak{q} \varepsilon \mathfrak{U}$ gibt es eine Umgebung $\mathfrak{B}$ von $\mathfrak{q}$, so daß $\mathfrak{B} \leqq \mathfrak{U}$ ist.[2]) Da $\mathfrak{q}$ Hp von $\mathfrak{M}$ ist, so ist $\mathfrak{B} \frown \mathfrak{M}$ unendlich. Wegen $\mathfrak{U} \frown \mathfrak{M} \geqq \mathfrak{B} \frown \mathfrak{M}$ ist also auch $\mathfrak{U} \frown \mathfrak{M}$ unendlich, d. h. $\mathfrak{p}$ Hp von $\mathfrak{M}$.

Sei jetzt umgekehrt $\mathfrak{R}$ eine Menge von Punkten, in der eine Hp-Relation zwischen Punkten und Teilmengen von $\mathfrak{R}$ erklärt ist, die den Sätzen (Hp 1) – (Hp 5) genügt.

Wir definieren jetzt durch (4; 3) des § 1 den Begriff der abgeschlossenen Menge und durch (3; 2) den der offenen Menge. Dann beweisen wir:

(T 1). *Jeder Punkt $\mathfrak{p} \varepsilon \mathfrak{R}$ ist in einer offenen Menge enthalten.*

Hierzu beweisen wir einfach:

$\mathfrak{R}$ *ist offen.*

Wäre dies nämlich nicht wahr, so wäre die leere Menge nicht abgeschlossen, sie besäße einen Hp $\mathfrak{p}$. Da aber die leere Menge Teilmenge einer jeden Menge ist, so wäre wegen (Hp 1) $\mathfrak{p}$ Hp von jedem $\mathfrak{M} \leqq \mathfrak{R}$; dies würde also insbesondere für $\mathfrak{M} = \{\mathfrak{p}\}$ gelten, was (Hp 2) widerspricht.

(T 2). *Ist $\mathfrak{M}_i$ $(i = 1, 2)$ offen, so ist auch $\mathfrak{M}_1 \frown \mathfrak{M}_2$ offen.*

Wegen (3; 2) haben wir zu zeigen:

Ist $\mathfrak{R} - \mathfrak{M}_i = \mathfrak{A}_i$ abgeschlossen, so ist

$\mathfrak{R} - (\mathfrak{M}_1 \frown \mathfrak{M}_2) = (\mathfrak{R} - \mathfrak{M}_1) \vee (\mathfrak{R} - \mathfrak{M}_2) = \mathfrak{A}_1 \vee \mathfrak{A}_2$ abgeschlossen.

[1]) Wegen Umgebungsaxiom (B).

[2]) Wegen Umgebungsaxiom (C).

Ist nämlich $\mathfrak{p}$ Hp von $\mathfrak{A}_1 \vee \mathfrak{A}_2$, so ist nach (Hp 4) $\mathfrak{p}$ Hp wenigstens einer der Mengen $\mathfrak{A}_1$ und $\mathfrak{A}_2$; o. B. d. A. sei $\mathfrak{p}$ Hp von $\mathfrak{A}_1$. Da aber $\mathfrak{A}_1$ abgeschlossen ist, so ist $\mathfrak{p} \varepsilon \mathfrak{A}_1 \leqq \mathfrak{A}_1 \vee \mathfrak{A}_2$ also $\mathfrak{p} \varepsilon \mathfrak{A}_1 \vee \mathfrak{A}_2$, also ist $\mathfrak{A}_1 \vee \mathfrak{A}_2$ abgeschlossen. [Nach (4; 3)].

(T 3). *Enthält $\mathfrak{M}$ mit jedem $\mathfrak{p}$ eine offene, $\mathfrak{p}$ enthaltende Menge, so ist $\mathfrak{M}$ offen.*

Sei nämlich $\mathfrak{q}$ ein beliebiger Hp von $\mathfrak{R} - \mathfrak{M}$; entweder gilt $\mathfrak{q} \varepsilon \mathfrak{R} - \mathfrak{M}$ oder $\mathfrak{q} \varepsilon \mathfrak{M}$. Wir haben zu zeigen, daß der zweite Fall nicht eintreten kann.

Im zweiten Fall gibt es nämlich eine offene Menge $\mathfrak{N}$, so daß gilt:

$$\mathfrak{q} \varepsilon \mathfrak{N} \leqq \mathfrak{M}.$$

Dann ist also $\mathfrak{R} - \mathfrak{N}$ abgeschlossen, $\mathfrak{q} \,\bar{\varepsilon}\, \mathfrak{R} - \mathfrak{N} \geqq \mathfrak{R} - \mathfrak{M}$.

Da $\mathfrak{q}$ Hp von $\mathfrak{R} - \mathfrak{M}$ ist, so ist wegen (Hp 1) $\mathfrak{q}$ auch Hp von $\mathfrak{R} - \mathfrak{N}$ und, da $\mathfrak{R} - \mathfrak{N}$ abgeschlossen ist, so ist $\mathfrak{q} \varepsilon \mathfrak{R} - \mathfrak{N}$; Widerspruch!

Also gilt $\mathfrak{q} \varepsilon \mathfrak{R} - \mathfrak{M}$, wenn $\mathfrak{q}$ Hp von $\mathfrak{R} - \mathfrak{M}$ ist, d. h. $\mathfrak{R} - \mathfrak{M}$ ist abgeschlossen, $\mathfrak{M}$ ist offen.

(T 4). *Ist $\mathfrak{p}_1 \neq \mathfrak{p}_2$, so gibt es offene, $\mathfrak{p}_i$ enthaltende Mengen $\mathfrak{M}_i$ $(i = 1, 2)$, so daß $\mathfrak{M}_1 \frown \mathfrak{M}_2 = 0$ ist.*

Wegen (Hp 3) gibt es eine Zerlegung $\mathfrak{R} = \mathfrak{R}_1 \vee \mathfrak{R}_2$, so daß $\mathfrak{p}_i$ nicht Hp von $\mathfrak{R}_i$ ist.

Entstehe $\overline{\mathfrak{R}}_i$ aus $\mathfrak{R}_i$ durch Hinzunahme aller Hp von $\mathfrak{R}_i$; wegen (Hp 5) ist $\overline{\mathfrak{R}}_i$ abgeschlossen: die abgeschlossene Hülle von $\mathfrak{R}_i$.

Wir setzen $\mathfrak{M}_i = \mathfrak{R} - \overline{\mathfrak{R}}_i$; dann ist $\mathfrak{p}_i \varepsilon \mathfrak{M}_i$, denn $\mathfrak{p}_i$ ist nicht Hp von $\mathfrak{R}_i$. Weiter ist wegen (3; 2) $\mathfrak{M}_i$ offen. Schließlich ist

$$\mathfrak{M}_1 \frown \mathfrak{M}_2 = (\mathfrak{R} - \overline{\mathfrak{R}}_1) \frown (\mathfrak{R} - \overline{\mathfrak{R}}_2) = \mathfrak{R} - (\overline{\mathfrak{R}}_1 \vee \overline{\mathfrak{R}}_2) \leqq \mathfrak{R} - (\mathfrak{R}_1 \vee \mathfrak{R}_2) = \mathfrak{R} - \mathfrak{R} = 0,$$

d. h. $\mathfrak{M}_1 \frown \mathfrak{M}_2 = 0$.

Nun hat aber TIETZE[1]) gezeigt, daß die Sätze (T 1) — (T 4) denselben Begriff des topologischen Raumes liefern wie HAUSDORFFS Umgebungsaxiome. Also gilt dasselbe von unseren Hp-Axiomen.

Wir haben nun noch zu zeigen, daß sich die von uns in $\mathfrak{R}$ definierte Hp-Relation mit der deckt, die sich ergeben würde, wenn wir sie vermittels (2; 4) definierten. Wir haben also noch aus (Hp 1) bis (Hp 5) und (4; 3), (3; 2) den Satz (2; 4) herzuleiten[2]):

---

[1]) Vgl. S. 3 Anm. [2]).

[2]) Ohne dies wäre nur gezeigt, daß sich unser aus (4; 3), (3; 2) ergebender Offenheitsbegriff mit dem üblichen deckt, während dasselbe für die Hp-Relation nicht geleistet wäre, da beim üblichen Aufbau die Hp-Relation durch (2; 4) definiert wird, während sie bei uns der Ausgangspunkt ist.

A. Angenommen, $\mathfrak{p}$ ist nicht Hp von $\mathfrak{M} \leqq \mathfrak{R}$. Sei $\mathfrak{M}_1 = \mathfrak{M} - (\mathfrak{M} \frown \{\mathfrak{p}\})$ und $\overline{\mathfrak{M}}_1$ die abgeschlossene Hülle von $\mathfrak{M}_1$. Dann ist $\mathfrak{p} \notin \overline{\mathfrak{M}}_1$ und $\overline{\mathfrak{M}}_1$ abgeschlossen (vgl. den Beweis von (T 4)). Also ist $\mathfrak{p} \varepsilon \mathfrak{R} - \overline{\mathfrak{M}}_1$, einer offenen Menge, die nach Konstruktion keinen von $\mathfrak{p}$ verschiedenen Punkt mit $\mathfrak{M}$ gemein hat.

B. Angenommen, $\mathfrak{p}$ ist Hp von $\mathfrak{M}$, und sei $\mathfrak{p} \varepsilon \mathfrak{N}$, einer offenen Menge.

$$\mathfrak{M} = (\mathfrak{M} \frown \mathfrak{N}) \smile (\mathfrak{M} \frown [\mathfrak{R} - \mathfrak{N}]) = \mathfrak{M}_1 \smile \mathfrak{M}_2.$$

$\mathfrak{R} - \mathfrak{N}$ ist abgeschlossen, $\mathfrak{p} \notin \mathfrak{R} - \mathfrak{N}$, also $\mathfrak{p}$ nicht Hp von $\mathfrak{R} - \mathfrak{N}$. Wegen (Hp 1) kann $\mathfrak{p}$ auch nicht Hp von $\mathfrak{M}_2 = \mathfrak{M} \frown (\mathfrak{R} - \mathfrak{N}) \leqq \mathfrak{R} - \mathfrak{N}$ sein. Wegen (Hp 4) ist also $\mathfrak{p}$ Hp von $\mathfrak{M}_1 = \mathfrak{M} \frown \mathfrak{N}$. Wegen (Hp 2) besteht also $\mathfrak{M} \frown \mathfrak{N}$ nicht nur aus einem Element, woraus sich vermöge (Hp 4) ergibt, daß $\mathfrak{M} \frown \mathfrak{N}$ eine unendliche Menge ist.

Wäre nämlich $\mathfrak{M} \frown \mathfrak{N}$ endlich, d. h. $\mathfrak{M} \frown \mathfrak{N} = \{\mathfrak{p}_1, \ldots, \mathfrak{p}_n\}$, so wäre diese Menge zerlegbar in: $\{\mathfrak{p}_1\} \smile \{\mathfrak{p}_2, \ldots, \mathfrak{p}_n\}$. Da $\mathfrak{p}$ nicht Hp der ersten Menge sein kann (wegen (Hp 2)), so ist $\mathfrak{p}$ wegen (Hp 4) Hp der zweiten Menge. So weiter schließend käme man zu einem Widerspruch.

Unabhängigkeit der Hp-Axiome.

Ad (Hp 1): $\mathfrak{R} = \{\mathfrak{p}_1, \mathfrak{p}_2, \ldots, \mathfrak{p}_n, \ldots\}$. $\mathfrak{p}_1$ ist Hp von jeder $\mathfrak{p}_1$ nicht enthaltenden, unendlichen Teilmenge von $\mathfrak{R}$. $\mathfrak{p}_n$ mit $n > 1$ ist Hp keiner Teilmenge von $\mathfrak{R}$.

Dann ist $\mathfrak{p}_1$ Hp echter Teilmengen von $\mathfrak{R}$, aber nicht Hp von $\mathfrak{R}$, d. h. (Hp 1) ist nicht erfüllt. Dagegen sind (Hp 2) – (Hp 5) erfüllt, wie man sofort verifiziert.

Ad (Hp 2): $\mathfrak{R} = \{\mathfrak{p}\}$; $\mathfrak{p}$ ist Hp von $\mathfrak{R}$, aber nicht der leeren Menge.

Ad (Hp 3): $\mathfrak{R} = \{\mathfrak{p}_1, \mathfrak{p}_2, \ldots, \mathfrak{p}_n, \ldots\}$. $\mathfrak{p}_1$ und $\mathfrak{p}_2$ sind Hp jeder unendlichen Teilmenge von $\mathfrak{R}$. Sonst besteht die Hp-Relation nicht.

Wie wir auch $\mathfrak{R}$ zerlegen: $\mathfrak{R} = \mathfrak{R}_1 \smile \mathfrak{R}_2$, stets ist eine der beiden Mengen $\mathfrak{R}_1$ und $\mathfrak{R}_2$ unendlich und dann also sowohl $\mathfrak{p}_1$ als auch $\mathfrak{p}_2$ Hp dieser Menge. Also ist (Hp 3) für $\mathfrak{M} = \mathfrak{R}$ nicht erfüllt, während man die Erfülltheit der übrigen Postulate wieder leicht verifiziert.

Ad (Hp 4): $\mathfrak{R} = \{\mathfrak{p}_1, \mathfrak{p}_2, \ldots, \mathfrak{p}_n, \ldots\}$. $\mathfrak{p}_1$ ist dann und nur dann Hp von $\mathfrak{M} \leqq \mathfrak{R}$, wenn $\mathfrak{M}$ fast alle Punkte $\mathfrak{p}_n$ enthält. Sonst bestehe niemals die Hp-Relation.

Enthalte $\mathfrak{R}_i \leqq \mathfrak{R}$ $(i = 1, 2)$ alle $\mathfrak{p}_n$ mit $n \equiv i \bmod 2$. Dann ist $\mathfrak{R} = \mathfrak{R}_1 \smile \mathfrak{R}_2$, aber $\mathfrak{p}_1$ weder Hp von $\mathfrak{R}_1$ noch von $\mathfrak{R}_2$. Die übrigen Axiome verifiziert man wieder leicht.

Ad (Hp 5): $\mathfrak{R} = \{\mathfrak{p}_{ik}, \mathfrak{p}_l, \mathfrak{p}\}$ $(i, k, l = 1, 2, \ldots)$. $\mathfrak{p}_l$ ist Hp von jedem $\mathfrak{M} \leqq \mathfrak{R}$, das unendlich viele Elemente $\mathfrak{p}_{lk}$ enthält und $\mathfrak{p}$ ist Hp von jedem $\mathfrak{M} \leqq \mathfrak{R}$, das unendlich viele Elemente $\mathfrak{p}_l$ enthält. Sonst bestehe die Hp-Relation nie. (Hp 5) ist nicht erfüllt, denn $\mathfrak{p}$ ist Hp von $\{\mathfrak{p}_l\}$, aber nicht von $\{\mathfrak{p}_{ik}\}$, $(i, k, l = 1, 2, \ldots)$.

Wieder verifiziert man die Erfülltheit von (Hp 1)—(Hp 4) ohne weiteres.

Bemerkungen.

(Hp 2_0). *Kein Punkt ist Hp der leeren Menge.*

Dies haben wir oben beim Beweis von (T 1) aus (Hp 1) und (Hp 2) hergeleitet. Für Räume, die wenigstens zwei Punkte enthalten, folgt aber (Hp 2_0) bereits aus (Hp 1) und (Hp 3).

Denn wäre in einem wenigstens zweipunktigen Raume (Hp 2_0) nicht erfüllt, so gäbe es einen Punkt $\mathfrak{p}$, der Hp jeder Teilmenge ist; weiter gäbe es einen Punkt $\mathfrak{q} \neq \mathfrak{p}$. Ist dann $\mathfrak{R} = \mathfrak{R}_1 \vee \mathfrak{R}_2$ irgendeine Zerlegung unseres Raumes, so ist $\mathfrak{p}$ sowohl Hp von $\mathfrak{R}_1$ als auch von $\mathfrak{R}_2$, also (Hp 3) für $\mathfrak{M} = \mathfrak{R}$, $\mathfrak{p}_1 = \mathfrak{p}$, $\mathfrak{p}_2 = \mathfrak{q}$ nicht erfüllt.

Hieraus folgt, daß (Hp 2) und (Hp 2_0) nicht äquivalent sein können, da, wie oben gezeigt, (Hp 2) von (Hp 1), (Hp 3)—(Hp 5) unabhängig ist. [Das dort benutzte Beispiel erfüllte auch (Hp 2_0).]

Dagegen ist (Hp 3) äquivalent mit

(Hp 3_0). *Ist $\mathfrak{p}_1 \neq \mathfrak{p}_2$, so gibt es eine Zerlegung des Gesamtraumes $\mathfrak{R} = \mathfrak{R}_1 \vee \mathfrak{R}_2$, so daß $\mathfrak{p}_i$ nicht Hp von $\mathfrak{R}_i$ ist.*

Denn zunächst folgt (Hp 3_0) aus (Hp 3), indem man speziell $\mathfrak{M} = \mathfrak{R}$ wählt.

Ist umgekehrt (Hp 3_0) wahr und $\mathfrak{M} \leqq \mathfrak{R}$ beliebig, so sei $\mathfrak{M}_i = \mathfrak{R}_i \wedge \mathfrak{M}$ $(i = 1, 2)$. Wäre jetzt $\mathfrak{p}_i$ Hp von $\mathfrak{M}_i$, so wegen (Hp 1) auch von $\mathfrak{R}_i \geqq \mathfrak{M}_i$, was (Hp 3_0) widerspricht.

§ 3. Die Axiomatik des Stetigkeitsbegriffs.

Wir betrachten wieder zunächst einen topologischen Raum $\mathfrak{R}$, den wir uns durch eine Hp-Relation charakterisiert denken, die (Hp 1) bis (Hp 5) des § 2 genügt. Durch (4; 5) des § 1 ist dann der Begriff der in einem Punkte stetigen Abbildung einer Menge festgelegt. Wir werden dann hieraus einige Sätze über stetige Abbildungen herleiten, aus denen wir nachher auf dem im § 1 angedeuteten Wege 5. wieder denselben Begriff des topologischen Raumes aufbauen werden. Unter Berücksichtigung der Ergebnisse des § 2 folgt dann, daß diese Sätze über stetige Abbildungen ein dem Hausdorffschen gleichwertiges Axiomensystem für den Begriff des topologischen Raumes darstellen.

Den Ausgangspunkt bildet der Satz:

(5; 4). *Dann und nur dann ist der Punkt* $\mathfrak{p} \varepsilon \mathfrak{M} \leqq \mathfrak{N}$ *kein Hp von* $\mathfrak{M}$, *wenn alle* [*eineindeutigen*] *Abbildungen von* $\mathfrak{M}$ [1]) *in* $\mathfrak{p}$ *stetig sind.*

A. Ist $\mathfrak{p}$ kein Hp von $\mathfrak{M}$, so wegen (Hp 1) auch kein Hp von irgendeinem $\mathfrak{T} \leqq \mathfrak{M}$. Ist dann α irgendeine Abbildung von $\mathfrak{M}$, so ist sie sicher in $\mathfrak{p}$ stetig [wegen (4; 5)].

B. Sei $\mathfrak{p}$ ein Hp von $\mathfrak{M}$. Wegen (Hp 2) muß $\mathfrak{M}$ wenigstens noch einen Punkt $\mathfrak{q} \neq \mathfrak{p}$ enthalten. Wegen (Hp 3) gibt es eine Zerlegung: $\mathfrak{M} = \mathfrak{M}_1 \vee \mathfrak{M}_2$, so daß $\mathfrak{p}$ nicht Hp von $\mathfrak{M}_1$, $\mathfrak{q}$ nicht Hp von $\mathfrak{M}_2$ ist. Wegen (Hp 4) ist dann $\mathfrak{p}$ Hp von $\mathfrak{M}_2$.

Wir definieren jetzt eine Abbildung α von $\mathfrak{M}$ auf sich in folgender Weise:

$$\alpha(\mathfrak{m}) = \begin{cases} \mathfrak{m} \text{ für } \mathfrak{m} \neq \mathfrak{p},\ \mathfrak{m} \neq \mathfrak{q},\ \mathfrak{m} \varepsilon \mathfrak{M}. \\ \mathfrak{q} \text{ für } \mathfrak{m} = \mathfrak{p}. \\ \mathfrak{p} \text{ für } \mathfrak{m} = \mathfrak{q}. \end{cases}$$

Weiter sei $\mathfrak{N}_2 = \mathfrak{M}_2 - (\mathfrak{M}_2 \frown \{\mathfrak{p}\})$, dann ist $\alpha(\mathfrak{N}_2) = \mathfrak{N}_2 \leqq \mathfrak{M}$.

Da $\mathfrak{p}$ Hp von $\mathfrak{M}_2$ ist, wie oben gezeigt, aber nach (Hp 2) nicht Hp von $\{\mathfrak{p}\}$, so ist $\mathfrak{p}$ sicher nach (Hp 4) Hp von $\mathfrak{N}_2$. Dagegen ist $\mathfrak{q} = \alpha(\mathfrak{p})$ wegen (Hp 1) kein Hp von $\mathfrak{N}_2$, da ja $\mathfrak{q}$ kein Hp von $\mathfrak{M}_2$ ist. α ist also zwar eine eineindeutige Abbildung von $\mathfrak{M}$ auf sich, aber gewiß in $\mathfrak{p}$ nicht stetig.

Satz (5; 4) gestattet, auf Grund des als bekannt vorausgesetzten Begriffs der stetigen, bzw. unstetigen Abbildung die Hp-Relation definitorisch einzuführen. Denn aus (5; 4) folgt ja sofort:

Dann und nur dann ist $\mathfrak{p}$ *Hp von* $\mathfrak{M}$, *wenn es in* $\mathfrak{p}$ *unstetige Abbildungen von* $\mathfrak{M}$ [*auf sich*] *gibt.*

Wir leiten jetzt die Eigenschaften des Stetigkeitsbegriffs her, die uns später als Axiome dienen sollen.

(S 1). *Ist* $\mathfrak{p} \varepsilon \mathfrak{N} \leqq \mathfrak{M}$, *ist weiter die Abbildung* α *von* $\mathfrak{M}$ *in* $\mathfrak{p}$ *stetig, ist schließlich* β *eine Abbildung von* $\mathfrak{N}$, *die überall in* $\mathfrak{N}$ *mit* α *übereinstimmt* [α *eine Erweiterung von* β], *so ist auch* β *in* $\mathfrak{p}$ *stetig.*

Sei nämlich $\mathfrak{T} \leqq \mathfrak{N}$, dann ist auch $\mathfrak{T} \leqq \mathfrak{M}$; ist dann $\mathfrak{p}$ Hp von $\mathfrak{T}$, so ist $\alpha(\mathfrak{p})$ Hp von $\alpha(\mathfrak{T})$. Nun ist aber $\alpha(\mathfrak{p}) = \beta(\mathfrak{p})$, $\alpha(\mathfrak{T}) = \beta(\mathfrak{T})$, also ist auch $\beta(\mathfrak{p})$ Hp von $\beta(\mathfrak{T})$, d. h. β ist in $\mathfrak{p}$ stetig.

(S 2). *Jede Abbildung der Menge* $\mathfrak{M} = \{\mathfrak{p}, \mathfrak{q}\}$ *ist in* $\mathfrak{p}$ *stetig.*

Denn $\mathfrak{p}$ ist Hp keiner Teilmenge von $\mathfrak{M}$, wie wir beim Beweis von (2; 4) im § 2 gezeigt haben [$\mathfrak{M}$ ist ja eine endliche Menge].

[1]) Für diesen Satz genügte es, sich auf Abbildungen von $\mathfrak{M}$ auf sich zu beschränken; dies würde jedoch im folgenden einige Schwerfälligkeiten in der Ausdrucksweise nach sich ziehen, die wir vermeiden wollen.

(S 3). *Sei* $\mathfrak{M} \leqq \mathfrak{R}$ *und* $\mathfrak{p}_i \varepsilon \mathfrak{M}$ $(i = 1, 2)$ *beliebig; dann gibt es eine Zerlegung* $\mathfrak{M} = \mathfrak{M}_1 \vee \mathfrak{M}_2$, $\mathfrak{p}_i \varepsilon \mathfrak{M}_i$, *so daß alle Abbildungen von* $\mathfrak{M}_i$ *in* $\mathfrak{p}_i$ *stetig sind.*

Gemäß (Hp 4) gibt es eine Zerlegung $\mathfrak{M} = \mathfrak{N}_1 \vee \mathfrak{N}_2$, so daß $\mathfrak{p}_i$ nicht Hp von $\mathfrak{N}_i$ ist. Setzen wir $\mathfrak{M}_i = \mathfrak{N}_i \vee \{\mathfrak{p}_i\}$, so ist wegen (Hp 1) $\mathfrak{p}_i$ kein Hp von $\mathfrak{M}_i$; gewiß ist aber $\mathfrak{M} = \mathfrak{M}_1 \vee \mathfrak{M}_2$. Wegen (5; 4) sind alle Abbildungen von $\mathfrak{M}_i$ in $\mathfrak{p}_i$ stetig.

(S 4). *Sei* $\mathfrak{M} = \mathfrak{M}_1 \vee \mathfrak{M}_2$, α_i *eine in* $\mathfrak{p} \varepsilon \mathfrak{M}_i$ *stetige Abbildung von* $\mathfrak{M}_i$ $(i = 1, 2)$ *und* $\alpha_1(\mathfrak{m}) = \alpha_2(\mathfrak{m})$ *für alle* $\mathfrak{m} \varepsilon \mathfrak{M}_1 \frown \mathfrak{M}_2$.

Ist dann β *eine Abbildung von* $\mathfrak{M}$, *so daß* $\beta(\mathfrak{m}) = \alpha_i(\mathfrak{m})$ *für alle* $\mathfrak{m} \varepsilon \mathfrak{M}_i$ $(i = 1, 2)$ *ist* [β *ist die aus* α_1 *und* α_2 *„zusammengesetzte" Abbildung*], *so ist* β *in* $\mathfrak{p}$ *stetig.*

Sei nämlich $\mathfrak{T} \leqq \mathfrak{M}$ und $\mathfrak{p}$ Hp von $\mathfrak{T}$. Dann ist $\mathfrak{T} = \mathfrak{T}_1 \vee \mathfrak{T}_2$ mit $\mathfrak{T}_i = \mathfrak{T} \frown \mathfrak{M}_i$. Weiter ist $\beta(\mathfrak{p}) = \alpha_1(\mathfrak{p}) = \alpha_2(\mathfrak{p})$ und $\beta(\mathfrak{T}) = \alpha_1(\mathfrak{T}) \vee \alpha_2(\mathfrak{T})$.

Da $\mathfrak{p}$ Hp von $\mathfrak{T}$ ist, so ist $\mathfrak{p}$ wegen (Hp 4) Hp von wenigstens einer der Mengen $\mathfrak{T}_1$ und $\mathfrak{T}_2$. O. B. d. A. sei $\mathfrak{p}$ Hp von $\mathfrak{T}_1$.

Wegen (4; 5) ist dann $\alpha_1(\mathfrak{p})$ Hp von $\alpha_1(\mathfrak{T}_1)$. Also ist wegen (Hp 1) und $\alpha_1(\mathfrak{T}_1) \leqq \beta(\mathfrak{T})$ auch $\beta(\mathfrak{p})$ Hp von $\beta(\mathfrak{T})$, d. h. β ist in $\mathfrak{p}$ stetig.

(S 5). *Sei* $\mathfrak{M} = \{\mathfrak{p}\} \vee \mathfrak{A} \vee \mathfrak{B}$.

Ist dann jede Abbildung von $\mathfrak{A} \vee \{\mathfrak{p}\}$ *in* $\mathfrak{p}$ *stetig, so ist entweder jede Abbildung von* $\mathfrak{B} \vee \{\mathfrak{p}\}$ *in* $\mathfrak{p}$ *stetig, oder es gibt einen Punkt* $\mathfrak{q} \varepsilon \mathfrak{B}$, *so daß jede Abbildung von* $\mathfrak{A} \vee \{\mathfrak{q}\}$ *in* $\mathfrak{q}$ *stetig ist.*

Aus (Hp 5) folgt nämlich sofort:

Wenn $\mathfrak{p}$ kein Hp von $\mathfrak{A}$ ist, so ist entweder $\mathfrak{p}$ kein Hp von $\mathfrak{B}$, oder nicht jeder Punkt von $\mathfrak{B}$ ist Hp von $\mathfrak{A}$. Hieraus und aus Satz (5; 4) folgt (S 5).

(S 6). *Ist die Abbildung* α *von* $\mathfrak{M}$ *in* $\mathfrak{p} \varepsilon \mathfrak{M}$ *stetig und die Abbildung* β *von* $\alpha(\mathfrak{M})$ *in* $\alpha(\mathfrak{p})$ *stetig, so ist die Abbildung* $\alpha \cdot \beta = \beta(\alpha(\cdot))$ *von* $\mathfrak{M}$ *in* $\mathfrak{p}$ *stetig.*

Sei $\mathfrak{T} \leqq \mathfrak{M}$ und $\mathfrak{p}$ Hp von $\mathfrak{M}$. Dann ist $\alpha(\mathfrak{T}) \leqq \alpha(\mathfrak{M})$ und wegen (4; 5) $\alpha(\mathfrak{p})$ Hp von $\alpha(\mathfrak{T})$. Da β in $\alpha(\mathfrak{p})$ stetig ist, so ist wieder wegen (4; 5) $\beta(\alpha(\mathfrak{p}))$ Hp von $\beta(\alpha(\mathfrak{T}))$, d. h. $\alpha \cdot \beta$ ist in $\mathfrak{p}$ stetig.

(S 7). *Ist die Abbildung* α *von* $\mathfrak{M}$ *in* $\mathfrak{p} \varepsilon \mathfrak{M}$ *unstetig, so gibt es eine Teilmenge* $\mathfrak{T} \leqq \mathfrak{M}$, $\mathfrak{p} \varepsilon \mathfrak{T}$, *so daß die mit* α *in* $\mathfrak{T}$ *übereinstimmende Abbildung* β *von* $\mathfrak{T}$ *in* $\mathfrak{p}$ *unstetig ist, aber jede Abbildung von* $\alpha(\mathfrak{T}) = \beta(\mathfrak{T})$ *in* $\alpha(\mathfrak{p}) = \beta(\mathfrak{p})$ *stetig ist.*

Ist nämlich die Abbildung α von $\mathfrak{M}$ in $\mathfrak{p}$ unstetig, so ist gewiß $\mathfrak{p}$ Hp von $\mathfrak{M}$ [(5; 4)!]. Es muß dann eine Teilmenge $\mathfrak{T} \leqq \mathfrak{M}$ geben, so daß $\mathfrak{p}$ Hp von $\mathfrak{T}$, aber $\alpha(\mathfrak{p})$ nicht Hp von $\alpha(\mathfrak{T})$ ist, d. h. die mit α in $\mathfrak{T}$ übereinstimmende Abbildung β ist in $\mathfrak{p}$ unstetig und wegen (5; 4) ist jede Abbildung von $\alpha(\mathfrak{T})$ in $\alpha(\mathfrak{p})$ stetig.

Sei jetzt umgekehrt $\mathfrak{R}$ eine Menge von Punkten, für die erklärt sei, wann eine [eineindeutige] Abbildung einer Teilmenge $\mathfrak{M} \leqq \mathfrak{R}$ in einem Punkte von $\mathfrak{M}$ stetig ist, und wann nicht; und zwar genüge diese Erklärung der Stetigkeit (S 1) — (S 7).

Wir definieren jetzt durch (5; 4) die Hp-Relation und haben dann zu zeigen, daß diese (Hp 1) — (Hp 5) erfüllt, sowie daß unsere Erklärung der stetigen Abbildung mit der sich aus (4; 5) ergebenden übereinstimmt, d. h. daß (4; 5) ein beweisbarer Satz ist.

Ad (Hp 1): Sei $\mathfrak{p} \varepsilon \mathfrak{N} \leqq \mathfrak{M}$. Ist dann jede Abbildung von $\mathfrak{M}$ in $\mathfrak{p}$ stetig, so wegen (S 1) auch jede Abbildung von $\mathfrak{N}$ in $\mathfrak{p}$. Also ist gemäß (5; 4) $\mathfrak{p}$ gewiß kein Hp von $\mathfrak{N}$, wenn $\mathfrak{p}$ kein Hp von $\mathfrak{M}$ ist.

Ad (Hp 2): Sei $\mathfrak{M} = \{\mathfrak{p}\}$ und $\mathfrak{q} \varepsilon \mathfrak{R}$ beliebig. Wegen (S 2) ist jede Abbildung der Menge $\{\mathfrak{p}, \mathfrak{q}\}$ in $\mathfrak{q}$ stetig. Also ist wegen (5; 4) $\mathfrak{q}$ kein Hp von $\{\mathfrak{p}, \mathfrak{q}\}$, also wegen (Hp 1) auch kein Hp von $\mathfrak{M}$.

Ad (Hp 3): Folgt wegen (5; 4) ohne weiteres aus (S 3).

Ad (Hp 4): Sei $\mathfrak{M} = \mathfrak{M}_1 \vee \mathfrak{M}_2$, $\mathfrak{p} \varepsilon \mathfrak{M}_i$ $(i = 1, 2)$. Ist dann $\mathfrak{p}$ Hp weder von $\mathfrak{M}_1$ noch von $\mathfrak{M}_2$, so ist jede Abbildung von $\mathfrak{M}_i$ in $\mathfrak{p}$ stetig. [Wegen (5; 4)]. Ist weiter α irgendeine Abbildung von $\mathfrak{M}$, so gibt es eine Abbildung α_i von $\mathfrak{M}_i$, die in $\mathfrak{M}_i$ mit α übereinstimmt. Wegen (S 4) ist also jedes α in $\mathfrak{p}$ stetig, wegen (5; 4) also $\mathfrak{p}$ kein Hp von $\mathfrak{M}$, wenn $\mathfrak{p}$ weder Hp von $\mathfrak{M}_1$ noch von $\mathfrak{M}_2$ ist.

Ad (Hp 5): Folgt vermöge (5; 4) ohne weiteres aus (S 5).

Man bemerke, daß zur Herleitung von (Hp 1) — (Hp 5) abgesehen von (5; 4) nur (S 1) — (S 5) benutzt wurden.

Ad (4; 5)[1]: A. Sei α eine in $\mathfrak{p} \varepsilon \mathfrak{M} \leqq \mathfrak{R}$ stetige Abbildung von $\mathfrak{M}$. Weiter sei $\mathfrak{p} \varepsilon \mathfrak{T} \leqq \mathfrak{M}$ und $\mathfrak{p}$ Hp von $\mathfrak{T}$. Wir haben zu zeigen, daß dann auch $\alpha(\mathfrak{p})$ Hp von $\alpha(\mathfrak{T})$ ist.

Angenommen, dies wäre nicht der Fall; dann wäre gemäß (5; 4) jede Abbildung von $\alpha(\mathfrak{p})$ in $\alpha(\mathfrak{T})$ stetig. Ist jetzt β eine beliebige Abbildung von $\mathfrak{T}$, so ist $\beta = \alpha \cdot (\alpha^{-1} \cdot \beta) = \alpha \cdot \gamma$, da ja unsere Abbil-

[1]) Hier ist eine analoge Bemerkung zu machen wie die Anmerkung [2]) S. 8 beim Beweis des Satzes (2; 4) des § 2. Nur liegen hier die Dinge insofern interessanter, als es, wie sich später zeigen wird, Systeme „pseudostetiger" Abbildungen gibt, die (S 1) — (S 5) erfüllen, und also auf Grund von (5; 4) eine Hp-Relation zu definieren gestatten, die (Hp 1) — (Hp 5) genügt, aber nicht mit der Gesamtheit der gemäß (4; 5) stetigen Abbildungen übereinstimmen.

dungen eineindeutige Abbildungen sind. Nach obigem ist γ eine in $\alpha(\mathfrak{p})$ stetige Abbildung von $\alpha(\mathfrak{T})$. Da nach (S 1) α auf $\mathfrak{T}$ in $\mathfrak{p}$ stetig ist, so ist gemäß (S 6) $\alpha \cdot \gamma = \beta$ auf $\mathfrak{T}$ in $\mathfrak{p}$ stetig. Also folgt aus (5; 4): ist $\alpha(\mathfrak{p})$ kein Hp von $\alpha(\mathfrak{T})$ und α in $\mathfrak{p}$ stetig, so ist $\mathfrak{p}$ auch kein Hp von $\mathfrak{T}$.

Also ist bei stetigen Abbildungen das Bild eines Hp wieder ein Hp.

Man bemerke, daß, um zu beweisen, daß jede in unserem Sinne stetige Abbildung es auch im Sinne von (4; 5) ist, wesentlich nur (S 6) gebraucht wurde.

B. Sei α eine in $\mathfrak{p}$ unstetige Abbildung von $\mathfrak{M}$, $\mathfrak{p} \varepsilon \mathfrak{M}$. Wegen (S 7) gibt es dann eine Teilmenge $\mathfrak{T} \leqq \mathfrak{M}$, $\mathfrak{p} \varepsilon \mathfrak{T}$, so daß die Abbildung τ von $\mathfrak{T}$, die in $\mathfrak{T}$ mit α übereinstimmt, in $\mathfrak{p}$ unstetig ist, aber jede Abbildung von $\tau(\mathfrak{T}) = \alpha(\mathfrak{T})$ in $\tau(\mathfrak{p}) = \alpha(\mathfrak{p})$ stetig ist. Wegen (5; 4) ist also $\mathfrak{p}$ zwar Hp von $\mathfrak{T}$, aber $\alpha(\mathfrak{p})$ nicht Hp von $\alpha(\mathfrak{T})$.

Man bemerke, daß, um zu zeigen, daß jede in unserem Sinne unstetige Abbildung es auch im Sinne von (4; 5) ist, wesentlich nur (S 7) benutzt wurde.

Unabhängigkeit der Stetigkeitsaxiome.

Ad (S 1): $\mathfrak{R} = \{\mathfrak{p}_1, \mathfrak{p}_2, \ldots, \mathfrak{p}_n, \ldots\}$.

Ist $\mathfrak{M} \leqq \mathfrak{R}$ eine echte, aber unendliche Teilmenge von $\mathfrak{R}$, die $\mathfrak{p}_1$ enthält, so ist eine Abbildung von $\mathfrak{M}$ dann und nur dann in $\mathfrak{p}_1$ unstetig, wenn das Bild von $\mathfrak{p}_1$ von $\mathfrak{p}_1$ verschieden ist. Alle anderen Abbildungen sind stetig.

Daß (S 1) nicht erfüllt ist, (S 2) – (S 7) es aber sind, verifiziert man sofort.

Ad (S 2): $\mathfrak{R} = \{\mathfrak{p}, \mathfrak{q}\}$.

Die Abbildung α mit $\alpha(\mathfrak{p}) = \mathfrak{q}$, $\alpha(\mathfrak{q}) = \mathfrak{p}$ sei in $\mathfrak{p}$ unstetig, in $\mathfrak{q}$ stetig. Die übrigen Abbildungen von Teilmengen von $\mathfrak{R}$ sind überall stetig. Dann sind (S 1), (S 3) – (S 7) erfüllt, (S 2) nicht.

Ad (S 3): $\mathfrak{R} = \{\mathfrak{p}_1, \mathfrak{p}_2, \mathfrak{a}_1, \mathfrak{a}_2, \ldots, \mathfrak{a}_n, \ldots\}$.

Jede Abbildung einer beliebigen Teilmenge von $\mathfrak{R}$ ist in $\mathfrak{a}_i$ stetig. Ebenso ist jede Abbildung einer beliebigen Menge in $\mathfrak{p}_i$ stetig, wenn das Bild von $\mathfrak{p}_i$ ein $\mathfrak{p}_k$ ist. Jede Abbildung einer endlichen Menge ist in $\mathfrak{p}_i$ stetig.

Jede Abbildung einer unendlichen Menge ist in $\mathfrak{p}_i$ unstetig, wenn das Bild von $\mathfrak{p}_i$ ein $\mathfrak{a}_k$ ist.

Werde jetzt $\mathfrak{R}$ irgendwie in zwei Teile zerlegt: $\mathfrak{R} = \mathfrak{R}_1 \vee \mathfrak{R}_2$, so ist einer dieser Teile unendlich, etwa $\mathfrak{R}_1$. Es gibt dann in $\mathfrak{p}_i$ unstetige

Abbildungen von $\mathfrak{R}_1$. Man hat nur $\mathfrak{p}_i$ auf ein $\mathfrak{a}_n$ abzubilden. Mithin kann (S 3) nicht erfüllt sein, wogegen (S 1), (S 2), (S 4) – (S 7) erfüllt sind.

Ad (S 4): $\mathfrak{R} = \{\mathfrak{p}_1, \mathfrak{p}_2, \ldots, \mathfrak{p}_n, \ldots\}$.

In den Punkten $\mathfrak{p}_i$ mit $i > 1$ ist jede Abbildung stetig. Ist $\mathfrak{p}_i \varepsilon \mathfrak{M} \leqq \mathfrak{R}$ und enthält $\mathfrak{M}$ unendlich viele Elemente von $\mathfrak{R}$ nicht, so ist jede Abbildung von $\mathfrak{M}$ in $\mathfrak{p}_1$ stetig. Enthält aber $\mathfrak{M}$ fast alle Elemente von $\mathfrak{R}$, so ist jede Abbildung von $\mathfrak{M}$ in $\mathfrak{p}_1$ unstetig, bei der entweder das Bild von $\mathfrak{p}_1$ von $\mathfrak{p}_1$ verschieden ist, oder, falls $\mathfrak{p}_1$ sich selbst zugeordnet wird, die Bildmenge von $\mathfrak{M}$ unendlich viele Elemente von $\mathfrak{R}$ nicht enthält.

Sei $\mathfrak{M}_1 = \{\mathfrak{p}_{2i}, \mathfrak{p}_1\}$, $\mathfrak{M}_2 = \{\mathfrak{p}_{2i+1}\}$, $(i = 1, 2, \ldots)$. Dann ist jede Abbildung von $\mathfrak{M}_j$ in $\mathfrak{p}_1$ stetig.

Sei a_1 in $\mathfrak{M}_1$ definiert:

$$a_1(\mathfrak{p}_1) = \mathfrak{p}_1, \quad a_1(\mathfrak{p}_{2i}) = \mathfrak{p}_{3i}.$$

Sei a_2 in $\mathfrak{M}_2$ definiert:

$$a_2(\mathfrak{p}_{2i+1}) = \mathfrak{p}_{3i+1}, \text{ insbesondere ist also } a_2(\mathfrak{p}_1) = \mathfrak{p}_1.$$

Dann gibt es eine zusammengesetzte Abbildung a von $\mathfrak{M} = \mathfrak{M}_1 \vee \mathfrak{M}_2$, die in $\mathfrak{M}_j$ mit a_j $(j = 1, 2)$ übereinstimmt, und zwar ist

$$a(\mathfrak{p}_i) = \begin{cases} \mathfrak{p}_{\frac{3}{2}i} & \text{für } i \equiv 0 \pmod 2 \\ \mathfrak{p}_{\frac{3}{2}i - \frac{1}{2}} & \text{für } i \equiv 1 \pmod 2. \end{cases}$$

Also sind die Bilder von $\mathfrak{p}_i$ mit geradem Index $\equiv 0 \pmod 3$, die mit ungeradem Index $\equiv 1 \pmod 3$. Die $\mathfrak{p}_i$, deren Index $\equiv 2 \pmod 3$ ist, sind also keine Bilder. Also ist die Abbildung a von $\mathfrak{M} = \mathfrak{R}$ in $\mathfrak{p}_1$ unstetig. (S 4) gilt also nicht immer.

Dagegen sind (S 1) – (S 3), (S 5) – (S 7) erfüllt.

Ad (S 5): Um die Unabhängigkeit von (S 5) einzusehen, betrachte man den Raum, der in § 2 benutzt wurde, um die Unabhängigkeit von (Hp 5) einzusehen, und erkläre die stetigen Abbildungen durch (4; 5) des § 1.

Ad (S 6): $\mathfrak{R} = \{\mathfrak{p}_1, \mathfrak{p}_2, \ldots, \mathfrak{p}_n, \ldots\}$.

Jede Abbildung einer beliebigen Teilmenge von $\mathfrak{R}$, die $\mathfrak{p}_n$ mit $n > 1$ enthält, ist in $\mathfrak{p}_n$ stetig. Ebenso ist jede Abbildung, bei der $\mathfrak{p}_1$ auf ein $\mathfrak{p}_n$ mit $n \neq 2$ abgebildet wird, in $\mathfrak{p}_1$ stetig. Eine Abbildung einer Teilmenge $\mathfrak{M} \leqq \mathfrak{R}$, $\mathfrak{p}_1 \varepsilon \mathfrak{M}$, bei der $\mathfrak{p}_2$ das Bild von $\mathfrak{p}_1$ ist, ist dann und nur dann in $\mathfrak{p}_1$ unstetig, wenn $\mathfrak{M}$ unendlich ist.

Sei $a_1(\mathfrak{p}_n) = \mathfrak{p}_{2n+1}$ und $a_2(\mathfrak{p}_{2n+1}) = \mathfrak{p}_{2n}$. Dann sind a_1 und a_2 in $\mathfrak{p}_1$ stetige Abbildungen, und zwar ist a_1 in ganz $\mathfrak{R}$ definiert, während a_2 auf der Bildmenge von $\mathfrak{R}$ bei a_1 definiert ist.

$\alpha = \alpha_1 \cdot \alpha_2$ bewirkt: $\alpha(\mathfrak{p}_n) = \mathfrak{p}_{2n}$ und ist in $\mathfrak{p}_1$ unstetig. Also ist (S 6) nicht erfüllt, dagegen (S 1)—(S 5) und (S 7), da jede Abbildung in $\mathfrak{p}_2$ stetig ist.

Ad (S 7): $\mathfrak{R} = \{\mathfrak{p}_1, \mathfrak{p}_2, \ldots, \mathfrak{p}_n, \ldots\}$.

Jede Abbildung ist in $\mathfrak{p}_i$ mit $i > 2$ stetig. Ist $\mathfrak{M} \leqq \mathfrak{R}$ unendlich, so ist jede Abbildung von $\mathfrak{M}$, die $\mathfrak{p}_j$ $(j = 1, 2)$ in $\mathfrak{p}_i \neq \mathfrak{p}_j$ überführt, in $\mathfrak{p}_j$ unstetig, wenn nur $\mathfrak{M}$ unendlich viele $\mathfrak{p}_i$ mit $i \equiv j \pmod 2$ enthält.

(S 1)—(S 6) sind erfüllt, (S 7) aber nicht; sei nämlich $\mathfrak{M} = \{\mathfrak{p}_1, \mathfrak{p}_3, \ldots, \mathfrak{p}_{2n+1}, \ldots\}$ und $\alpha(\mathfrak{p}_{2i-1}) = \mathfrak{p}_{2i}$. Dann ist α in $\mathfrak{p}_1$ unstetig, aber ebenso ist jede Abbildung einer unendlichen Teilmenge von $\alpha(\mathfrak{M}) = \{\mathfrak{p}_{2n}\}$ in $\alpha(\mathfrak{p}_1) = \mathfrak{p}_2$ unstetig.

§ 4. In einen Punkt stetig fortsetzbare Abbildungen.

Definition: *Sei $\mathfrak{M} \leqq \mathfrak{R}$ beliebig und $\mathfrak{p} \notin \mathfrak{M}$. Die [eineindeutige] Abbildung α von $\mathfrak{M}$ heißt in $\mathfrak{p}$ stetig fortsetzbar, wenn es eine Abbildung β von $\mathfrak{M} \vee \{\mathfrak{p}\}$ gibt, die*

1. in $\mathfrak{p}$ stetig ist,

2. in $\mathfrak{M}$ mit α übereinstimmt.

Satz: *Sei $\mathfrak{M} \leqq \mathfrak{R}$ und $\mathfrak{p} \notin \mathfrak{M}$.*

a) Ist $\mathfrak{p}$ Hp von $\mathfrak{M}$, so läßt sich eine beliebig vorgegebene Abbildung α von $\mathfrak{M}$ auf höchstens eine Weise stetig in $\mathfrak{p}$ fortsetzen.

b) Ist aber $\mathfrak{p}$ nicht Hp von $\mathfrak{M}$, so geht dies für jedes α auf beliebig viele Weisen.

Sei nämlich $\mathfrak{p}$ Hp von $\mathfrak{M}$ und β_i $(i = 1, 2)$ zwei verschiedene Fortsetzungen einer Abbildung α von $\mathfrak{M}$ in $\mathfrak{p}$. Dann ist also $\beta_1(\mathfrak{p}) \neq \beta_2(\mathfrak{p})$.

Ist jetzt $\mathfrak{T} \leqq \mathfrak{M}$ derart, daß $\mathfrak{p}$ Hp von $\mathfrak{T}$ ist, so ist $\beta_i(\mathfrak{p})$ Hp von $\alpha(\mathfrak{T})$.

Insbesondere sind also $\beta_1(\mathfrak{p})$ und $\beta_2(\mathfrak{p})$ Hp von $\alpha(\mathfrak{M})$. Also gibt es nach (Hp 3) und (Hp 4) eine Zerlegung:

$$\alpha(\mathfrak{M}) = \alpha(\mathfrak{M}_1) \vee \alpha(\mathfrak{M}_2)$$

[α ist ja eine eineindeutige Abbildung], so daß $\beta_i(\mathfrak{p})$ zwar Hp von $\alpha(\mathfrak{M}_i)$, aber nicht Hp von $\alpha(\mathfrak{M}_{i\pm 1})$ ist.

Nun ist $\mathfrak{p}$ Hp von $\mathfrak{M} = \mathfrak{M}_1 \vee \mathfrak{M}_2$, also nach (Hp 4) Hp wenigstens einer der Mengen $\mathfrak{M}_1$ und $\mathfrak{M}_2$. O. B. d. A. sei $\mathfrak{p}$ Hp von $\mathfrak{M}_1$. Dann müßte auch $\beta_2(\mathfrak{p})$ Hp von $\alpha(\mathfrak{M}_1)$ sein [gemäß (4; 5)], was zu einem Widerspruch führt.

b) folgt sofort aus (5; 4), da ja in einem nicht-Hp jede Abbildung stetig ist.

Dieser Satz liefert eine Möglichkeit, den Begriff des topologischen

Raumes auf den Begriff der in einen Punkt stetig fortsetzbaren Abbildung zu gründen, indem man ihn nach Aufstellung entsprechender Axiome wie (S 1) – (S 7) zur Definition der Hp-Relation benutzt.

§ 5. Topologie in Gruppen von topologischen Abbildungen.

Sei $\mathfrak{R}$ ein topologischer Raum und G eine Gruppe topologischer, d. h. umkehrbar eindeutiger und umkehrbar stetiger Abbildungen von $\mathfrak{R}$ auf sich. Wir wollen dann G in „vernünftiger" Weise zu einem topologischen Gruppenraum [1]) machen.

Hierzu haben wir zu erklären, wann ein $a \varepsilon G$ Hp von einer Teilmenge $M \leqq G$ ist und wann nicht, und haben dann nachzuweisen, daß diese Hp-Relation (Hp 1) – (Hp 5) des § 2 erfüllt, und daß weiter die Abbildung $x \rightarrow axb$ von G in sich für jedes feste a, b aus G eine topologische Abbildung von G ist.

Zunächst führen wir eine Bezeichnung ein: Ist $\mathfrak{p} \varepsilon \mathfrak{R}$ und $M \leqq G$ beliebig, so ist unter $M(\mathfrak{p})$ die Menge der Bilder von $\mathfrak{p}$ bei Abbildungen aus M zu verstehen.

Definition der Hp-Relation in G.

Dann und nur dann ist $a \varepsilon G$ Hp von $M \leqq G$, wenn es für jede Zerlegung:

$$M = M_1 \vee \ldots \vee M_n$$

von M in endlich viele Teile wenigstens ein M_i gibt, so daß für jedes $\mathfrak{p} \varepsilon \mathfrak{R}$ wenigstens eine der beiden folgenden Aussagen gilt:
entweder $a(\mathfrak{p})$ ist Hp von $M_i(\mathfrak{p})$, oder für unendlich viele $m \varepsilon M_i$ gilt: $m(\mathfrak{p}) = a(\mathfrak{p})$.

Wir behaupten:

Dann ist G ein topologischer Gruppenraum.

Beweis: 1. Sei $M \leqq N \leqq G$ und a Hp von M. Sei $N = N_1 \vee \ldots \vee N_n$ eine Zerlegung von N, und zwar sei die Numerierung so vorgenommen, daß $N_i \frown M \begin{cases} = 0 & \text{für } i > m \\ \neq 0 & \text{für } 1 \leqq i \leqq m. \end{cases}$ Weiter sei $M_i = M \frown N_i$ für $1 \leqq i \leqq m$; dann ist $M = M_1 \vee \ldots \vee M_m$. Da a Hp von M ist, so gibt es ein M_j, so daß für alle $\mathfrak{p} \varepsilon \mathfrak{R}$ gilt: entweder $a(\mathfrak{p})$ ist Hp von $M_j(\mathfrak{p})$, oder für unendlich viele $m \varepsilon M_j$ gilt $a(\mathfrak{p}) = m(\mathfrak{p})$.

Wegen $M_j \leqq N_j$ gilt dann dasselbe für N_j, da ja $M_j(\mathfrak{p}) \leqq N_j(\mathfrak{p})$ für jedes $\mathfrak{p} \varepsilon \mathfrak{R}$ und in $\mathfrak{R}$ (Hp 1) gilt.

Also ist a auch Hp von N und damit (Hp 1) in G nachgewiesen.

---

[1]) Vgl. S. 4 Anm. [1]).

2. Sei $M = \{a\}$; dann kann b nicht Hp von M sein, da weder $b(\mathfrak{p})$ Hp von $M(\mathfrak{p})$ noch $b(\mathfrak{p})$ gleich unendlich vielen Elementen von $M(\mathfrak{p})$ sein kann. (Hp 2) gilt also in G.

3. Sei $M \leqq G$ und $a_i \varepsilon G$ $(i = 1, 2)$ beliebig, $a_1 \neq a_2$; dann gibt es ein $\mathfrak{p} \varepsilon \mathfrak{R}$, so daß $a_1(\mathfrak{p}) \neq a_2(\mathfrak{p})$; dies $\mathfrak{p}$ sei im folgenden festgehalten. Wegen (Hp 3) gibt es dann eine Zerlegung: $M(\mathfrak{p}) = M_1(\mathfrak{p}) \vee M_2(\mathfrak{p})$, so daß $a_i(\mathfrak{p})$ nicht Hp von $M_i(\mathfrak{p})$ ist, und so daß nicht für unendlich viele $m \varepsilon M_i$ gilt: $m(\mathfrak{p}) = a_i(\mathfrak{p})$.[1]) Dann ist aber a_i auch nicht Hp von M_i, d. h. (Hp 3) ist in G erfüllt.

4. Sei $M = M_1 \vee M_2$ und a Hp von M. Wir haben zu zeigen, daß a Hp wenigstens einer der beiden Mengen M_1 und M_2 ist.

Sei etwa a nicht Hp von M_2; dann gibt es eine Zerlegung

$$M_2 = M_{21} \vee \ldots \vee M_{2n},$$

so daß es für jedes i wenigstens ein $\mathfrak{p} \varepsilon \mathfrak{R}$ gibt, so daß weder $a(\mathfrak{p})$ Hp von $M_i(\mathfrak{p})$, noch daß für unendlich viele $m \varepsilon M_i$ gilt: $a(\mathfrak{p}) = m(\mathfrak{p})$.

Sei jetzt $M_1 = M_{11} \vee \ldots \vee M_{1m}$ eine beliebige Zerlegung von M_1. Dann ist:

$$M = M_{11} \vee \ldots \vee M_{1m} \vee M_{21} \vee \ldots \vee M_{2n}$$

eine Zerlegung von M. Da a Hp von M ist, muß es unter den Gliedern dieser Zerlegung eines geben, das für alle $\mathfrak{p} \varepsilon \mathfrak{R}$ die Fundamentalbedingung der Definition erfüllt. Dies kann aber nach obigem kein M_{2i} sein, muß also ein M_{1j} sein, d. h. a ist Hp von M_1, womit auch (Hp 4) verifiziert ist.

5. Sei a Hp von $H \leqq G$ und jedes Element von H Hp von $M \leqq G$. Weiter sei $M = M_1 \vee \ldots \vee M_m$ eine Zerlegung. Dann gibt es für jedes $h \varepsilon H$ ein M_i, so daß für alle $\mathfrak{p} \varepsilon \mathfrak{R}$ die Fundamentalbedingung erfüllt ist. Alle auf diese Weise dem M_i zugeordneten Elemente von H vereinigen wir zu einer Menge H_i, so daß gilt:

$$H = H_1 \vee \ldots \vee H_m.$$

Da a Hp von H ist, so gibt es ein H_i, so daß für alle $\mathfrak{p} \varepsilon \mathfrak{R}$ entweder $a(\mathfrak{p})$ Hp von $H_i(\mathfrak{p})$, oder $a(\mathfrak{p}) = h(\mathfrak{p})$ für unendlich viele $h \varepsilon H_i$ gilt.

Fall 1: Sei $a(\mathfrak{p})$ Hp von $H_i(\mathfrak{p})$ für ein $\mathfrak{p} \varepsilon \mathfrak{R}$. Dann ist

$$H_i(\mathfrak{p}) = [H_i(\mathfrak{p}) \frown M_i(\mathfrak{p})] \vee [H_i(\mathfrak{p}) - (H_i(\mathfrak{p}) \frown M_i(\mathfrak{p}))] = H_{i1}(\mathfrak{p}) \vee H_{i2}(\mathfrak{p}).$$

Wegen (Hp 4) ist $a(\mathfrak{p})$ Hp wenigstens einer der beiden Mengen. Ist $a(\mathfrak{p})$ Hp von $H_{i1}(\mathfrak{p})$, so wegen (Hp 1) auch von $M_i(\mathfrak{p})$. Ist aber

---

[1]) Aus (Hp 3) folgt zunächst nur die Erfüllung der ersten Bedingung, jedoch läßt sich die Einteilung ohne Verletzung der ersten Bedingung stets so einrichten, daß die zweite erfüllt wird — man braucht ja nur etwa widersprechende Elemente aus M_i in $M_{i \pm 1}$ hinüberzutun.

$a(\mathfrak{p})$ Hp von $H_{i2}(\mathfrak{p})$, so gilt das gleiche, da die Elemente von $H_{i2}(\mathfrak{p})$ notwendig Hp von $M_i(\mathfrak{p})$ sein müssen [da sie nicht zu $M_i(\mathfrak{p})$ gehören, können sie nicht unendlich oft gleich einem Element von $M_i(\mathfrak{p})$ sein].

Fall 2: $a(\mathfrak{p}) = h(\mathfrak{p})$ für unendlich viele $h \varepsilon H_i$. Nun ist aber entweder $h(\mathfrak{p})$ Hp von $M_i(\mathfrak{p})$ oder für unendlich viele $m \varepsilon M_i$ gilt $h(\mathfrak{p}) = m(\mathfrak{p})$. Also gilt dasselbe auch für $a(\mathfrak{p})$.

In jedem Fall erfüllt also $a(\mathfrak{p})$ die Fundamentalbedingung rücksichtlich $M_i(\mathfrak{p})$, d. h. aber a ist Hp von M, d. h. (Hp 5) ist wahr.

6. Sei $h \varepsilon G$ Hp von $M \leqq G$ und sei a, b in G beliebig. Wir haben zu zeigen, daß $a h b$ Hp von $a M b$ ist.[1])

Sei $a M b = a M_1 b \vee \ldots \vee a M_n b$ eine Zerlegung. Dann ist auch $M = M_1 \vee \ldots \vee M_n$. Da h Hp von M ist, so gibt es ein M_i, so daß für alle $\mathfrak{p} \varepsilon \mathfrak{R}$ entweder $h(\mathfrak{p})$ Hp von $M_i(\mathfrak{p})$ ist, oder $h(\mathfrak{p}) = m(\mathfrak{p})$ für unendlich viele $m \varepsilon M_i$.

Mit $\mathfrak{p}$ durchläuft $a(\mathfrak{p})$ alle Elemente von $\mathfrak{R}$. Da weiter $a h b(\mathfrak{p}) = b(h(a(\mathfrak{p})))$ und $a M_i b(\mathfrak{p}) = b(M_i(a(\mathfrak{p})))$ ist, so genügt es, nachzuweisen, daß für alle $\mathfrak{p} \varepsilon \mathfrak{R}$ entweder $b(h(\mathfrak{p}))$ Hp von $b(M_i(\mathfrak{p}))$ ist, oder $b(h(\mathfrak{p})) = b(m(\mathfrak{p}))$ für unendlich viele $m \varepsilon M_i$ gilt. Dies ist aber der Fall, da dies für h, M_i gilt und b eine topologische Abbildung von $\mathfrak{R}$ ist.

Damit ist also gezeigt, daß G durch die so definierte Hp-Relation zum topologischen Gruppenraum gemacht ist.

Anhang.

Topologische Räume mit vorgegebener, höchstens abzählbarer Gruppe.

Wir stellen uns in diesem Anhang die Aufgabe, nicht triviale Beispiele von topologischen Räumen anzugeben, bei denen die Gruppe aller topologischer Abbildungen einer vorgelegten, höchstens abzählbaren Gruppe isomorph ist. Wir werden solche Beispiele im § 2 für jede derartige Gruppe konstruieren, und zwar werden die konstruierten Räume in jedem Punkte eindimensional, zusammenhängend [es lassen sich sogar irgend zwei Punkte durch ein Kontinuum (= kompakte, zusammenhängende Menge) verbinden] und Teilmengen des dreidimensionalen Euklidischen Raumes homoiomorph sein.

---

[1]) Da dies für jede Teilmenge M von G und jedes Paar a, b aus G gezeigt wird, so ist sofort einsichtig, daß die Abbildungen $x \rightarrow a x b$ in jedem Punkte von G umkehrbar stetig sind.

Zur Vorbereitung werden wir im § 1 unendlich viele, wesentlich verschiedene Beispiele starrer Räume [das sind Räume, die als einzige topologische Abbildung auf sich die identische zulassen] konstruieren. Diese haben noch insofern ein besonderes Interesse, als sie zeigen, daß man von der Gruppe aus nicht die Struktur des Raumes bestimmen kann.[1])

1.

Unter $\mathfrak{S}$ sei die Menge der reellen Zahlen: $0 \leqq x < 1$ verstanden. Die rationalen Punkte der Strecke $\mathfrak{S}$ werden irgendwie abgezählt und numeriert, jedoch so, daß der Anfangspunkt ($x = 0$) auch die Nummer 0 erhält.

$\mathfrak{S}$ stehe in hinreichend vielen Exemplaren zur Verfügung, die durch ein geeignetes Indexsystem unterschieden werden.

Für jede ganze Zahl $n \geqq 1$ werde der Raum $\mathfrak{T}_n$ folgendermaßen konstruiert:

Der *Stamm* [= Zweig nullter Stufe] sei eine Strecke $\mathfrak{S} = \mathfrak{S}_0$. Von dem mit i bezeichneten Punkte des Stammes gehen i^n *Zweige erster Stufe* ab: $\mathfrak{S}_{ij}$ mit $1 \leqq j \leqq i^n$, und zwar wird der Punkt i des Stammes mit dem Punkte 0 von $\mathfrak{S}_{ij}$ identifiziert.

Seien bereits die *Zweige k-ter Stufe* konstruiert: $\mathfrak{S}_{i_1 j_1 \ldots i_k j_k}$. Dabei ist $i_l \geqq 1$ ganzzahlig, beliebig und $1 \leqq j_l \leqq (i_1 j_1 \ldots i_{l-1} j_{l-1} i_l)^n$.

An dem Punkt $i_{k+1} \geqq 1$ des Zweiges $\mathfrak{S}_{i_1 j_1 \ldots i_k j_k}$ werden durch Identifikation des mit 0 bezeichneten Punktes des neuen Zweiges mit dem Punkt i_{k+1} im ganzen $(i_1 j_1 \ldots i_k j_k i_{k+1})^n$ neue Zweige $\mathfrak{S}_{i_1 j_1 \ldots i_{k+1} j_{k+1}}$ angefügt: $1 \leqq i_{k+1}$ ganzzahlig, beliebig und $1 \leqq j_{k+1} \leqq (i_1 j_1 \ldots i_k j_k i_{k+1})^n$.

Sind so durch die vollständige Induktion für jedes $k \geqq 1$ die Zweige k-ter Stufe konstruiert, so ist der so gebildete Raum unser $\mathfrak{T}_n$.

Ein Punkt des Stammes heiße ein Punkt nullter Stufe. Ein Punkt heiße von k-ter Stufe, wenn er auf einem Zweige k-ter Stufe, aber nicht $(k-1)$-ter Stufe liegt.

[1]) Damit ist folgendes gemeint: Gegeben eine Menge $\mathfrak{R}$ von Elementen und eine Gruppe G eineindeutiger Abbildungen von $\mathfrak{R}$ auf sich. Gesucht ist eine solche Erklärung von $\mathfrak{R}$ als topologischer Raum [durch Definition der Offenheit, der Hp-Relation oder dergl.], daß G die Gruppe aller topologischen Abbildungen von $\mathfrak{R}$ auf sich ist. Wäre dies nur auf eine Weise möglich, so bebestimmte die Gruppe allein die Struktur des Raumes. Unsere Beispiele zeigen, daß dies nicht zutrifft, nicht einmal, wenn wir vorher G zum topologischen Gruppenraum machen und fordern, daß diese Topologie von G im Sinne des § 5 die „vernünftige" rücksichtlich des topologischen Raumes $\mathfrak{R}$ sei.

Zunächst ist klar, daß durch Fortlassen eines beliebigen Punktes, der nicht gerade der Punkt 0 des Stammes [kurz der „Nullpunkt"] ist, $\mathfrak{T}_n$ in wenigstens zwei Teile zerfällt.

Weiter ist jeder Punkt des $\mathfrak{T}_n$ mit dem Nullpunkt durch einen eindeutig bestimmten, unverkürzbaren Streckenzug verbunden. Dasselbe gilt also auch für irgend zwei beliebige Punkte des $\mathfrak{T}_n$.

Schließlich können numerierte Punkte des $\mathfrak{T}_n$ — der Punkt i_1 des Stammes $\mathfrak{S}_0$ heiße $\mathfrak{p}_1$, der Punkt i_{k+1} des Zweiges $\mathfrak{S}_{i_1 j_1 \ldots i_k j_k}$ heiße $\mathfrak{p}_{i_1 j_1 \ldots i_k j_k i_{k+1}}$ — bei topologischen Abbildungen des $\mathfrak{T}_n$ in sich nur wieder in numerierte, unnumerierte in unnumerierte übergehen. Da aber die [abzählbar vielen] numerierten Punkte im $\mathfrak{T}_n$ überall dicht liegen, so ist die Starrheit des $\mathfrak{T}_n$ bewiesen, wenn wir nur zeigen, daß jeder numerierte Punkt bei topologischen Abbildungen in sich übergehen muß.

Offenbar kann der Nullpunkt nur in sich übergehen. Sei bereits für alle [benannten] Punkte von höchstens $(k-1)$-ter Stufe gezeigt, daß sie invariant bleiben müssen. Wir wollen dasselbe von den Punkten k-ter Stufe zeigen. Hierbei werde, um einen bequemen Induktionsanfang zu erhalten, der Nullpunkt als Punkt (-1)-ter Stufe gezählt.

Sei $\mathfrak{q} = \mathfrak{p}_{i_1 j_1 \ldots i_k j_k i_{k+1}}$ ein beliebiger Punkt k-ter Stufe. Er wird über den Punkt $\mathfrak{r} = \mathfrak{p}_{i_1 j_1 \ldots i_k}$ mit dem Nullpunkt verbunden [speziell kann $\mathfrak{r}$ der Nullpunkt sein]. $\mathfrak{r}$ ist der erste Punkt $(k-1)$-ter Stufe auf dem Wege von $\mathfrak{q}$ zum Nullpunkt. Da $\mathfrak{r}$ als Punkt $(k-1)$-ter Stufe invariant bleibt, so kann der Zweig $\mathfrak{S}_{i_1 j_1 \ldots i_k j_k}$, auf dem $\mathfrak{q}$ liegt, nur in einen Zweig $\mathfrak{S}_{i_1 j_1 \ldots i_k r}$ übergehen. Wäre jetzt etwa $j_k < r$, so gingen von einem Punkte des ersten Zweiges, nämlich dem Punkte $\mathfrak{p}_{i_1 j_1 \ldots i_k j_k 1}$, genau $(i_1 j \ldots i_k j_k)^n < (i_1 j_1 \ldots i_k r)^n$ Zweige ab, während doch von jedem Punkte des zweiten Zweiges wenigstens $(i_1 j_1 \ldots i_k r)^n$ Zweige abgehen. Also kann nicht $j_k < r$ sein. Entsprechend erweist sich $j_k > r$ unmöglich. Also muß $j_k = r$ sein und also unser Zweig $\mathfrak{S}_{i_1 j_1 \ldots i_k j_k}$ in sich übergehen. Geht jetzt $\mathfrak{q}$ in den Punkt $\mathfrak{p}_{i_1 j_1 \ldots i_k j_k r}$ unseres Zweiges über, so gehen von dem Bild von $\mathfrak{q}$ genau $(i_1 j_1 \ldots i_k j_k r)^n$ Zweige ab. Diese Zahl muß aber gleich $(i_1 j_1 \ldots i_k j_k i_{k+1})^n$ sein, woraus wieder $r = i_{k+1}$ folgt, d. h. $\mathfrak{q}$ muß in sich übergehen.

Damit ist die Starrheit von $\mathfrak{T}_n$ gezeigt.

Daß aber für $n \neq m$ ein $\mathfrak{T}_n$ sich nicht topologisch auf ein T_m abbilden läßt, folgt aus der Tatsache, daß nicht gleichzeitig sowohl jede Zahl, die n-te Potenz ist, auch m-te Potenz, als auch jede Zahl, die m-te Potenz ist, auch n-te Potenz sein kann. Man betrachte nämlich die Punkte nullter Stufe, von denen genau i^n bzw. i^m Zweige abgehen, und die ja wieder in Punkte nullter Stufe übergehen müssen.

$\mathfrak{T}_n$ ist metrisierbar.

Denn irgend zwei Punkte sind durch einen eindeutig bestimmten, unverkürzbaren Streckenzug verbunden, der eine bestimmte Länge, den Abstand dieser Punkte, hat.

Der $\mathfrak{T}_n$ genügt dem zweiten Abzählbarkeitsaxiom.

Denn im $\mathfrak{T}_n$ ist eine abzählbare Menge, die Menge der benannten Punkte, überall dicht und der $\mathfrak{T}_n$ ist metrisierbar.

Der $\mathfrak{T}_n$ ist in jedem Punkte eindimensional.

Denn jeder Punkt läßt sich in jeder Nähe durch eine häufungspunktfreie, höchstens abzählbare, also nulldimensionale Menge [irgend zwei verschiedene Punkte dieser Menge liegen auf verschiedenen Zweigen] vom Rest abtrennen.

Nach einem Mengerschen Satz[1]) läßt sich also der $\mathfrak{T}_n$ topologisch auf einen Teil des dreidimensionalen Euklidischen Raumes abbilden. Übrigens hätte sich unsere Konstruktion des $\mathfrak{T}_n$ ohne große Schwierigkeit so einrichten lassen, daß der $\mathfrak{T}_n$ als Teilmenge des dreidimensionalen Euklidischen Raumes gewonnen wäre; es hätten nämlich die Längen der Zweige nur hinreichend rasch mit der Stufenzahl gegen Null streben müssen.

2.

Sei G eine höchstens abzählbare Gruppe, $l_1, l_2, \ldots$ deren [endlich oder abzählbar unendlich viel] Erzeugende. Dann ist G isomorph zur Gruppe der „Deckbewegungen" des Dehnschen Gruppenbildes[2]) von G.

An jedem „Eckpunkt" [das sind die Repräsentanten der Gruppenelemente, während die „Kanten" Repräsentanten der Erzeugenden sind] werden abzählbar viele Exemplare des $\mathfrak{T}_1$ mit dem Nullpunkt angehängt. Jede mit l_i bezeichnete Kante wird durch einen $\mathfrak{T}_{i+1}$ ersetzt, und zwar derart, daß der Nullpunkt des $\mathfrak{T}_{i+1}$ mit dem Anfangspunkt der mit l_i bezeichneten Kante identifiziert wird, während der Endpunkt dieser Kante als [neuer] Endpunkt des Stammes des $\mathfrak{T}_{i+1}$ dient.

So entsteht ein in jedem Punkte eindimensionaler, metrisierbarer, dem zweiten Abzählbarkeitsaxiom genügender Raum $\mathfrak{G}$, der also auf

---

[1]) Vgl. K. Menger: Dimensionstheorie, Berlin u. Leipzig 1928, S. 295/96.

[2]) Vgl. M. Dehn: Math. Ann. Bd. 69 (1910) S. 140ff.

eine Teilmenge des dreidimensionalen Euklidischen Raumes topologisch abgebildet werden kann.

Die Gruppe aller topologischen Abbildungen von $\mathfrak{G}$ in sich ist isomorph zu G.

Denn Eckpunkte des Gruppenbildes müssen wieder in solche übergehen, da an ihnen abzählbar viele $\mathfrak{T}_1$ hängen, und der für eine mit l_i bezeichnete Kante eingetretene $\mathfrak{T}_{i+1}$ kann wieder nur in einen solchen übergehen (vgl. § 1). Andererseits sind aber alle Deckbewegungen des Gruppenbildes ausführbar, da irgend zwei $\mathfrak{T}_n$ mit gleichem Index untereinander topologisch gleichwertig sind.

FSC
www.fsc.org
MIX
Papier | Fördert
gute Waldnutzung
FSC® C083411

Zeitfracht Medien GmbH
Ferdinand-Jühlke-Straße 7
99095 Erfurt, Deutschland
produktsicherheit@kolibri360.de